SERVICEHEFT - WARTUNGSHEFT
Compact Cassetten Recorder Service Prüflisten mit Anleitung

AZIMUT
AZIMUTH

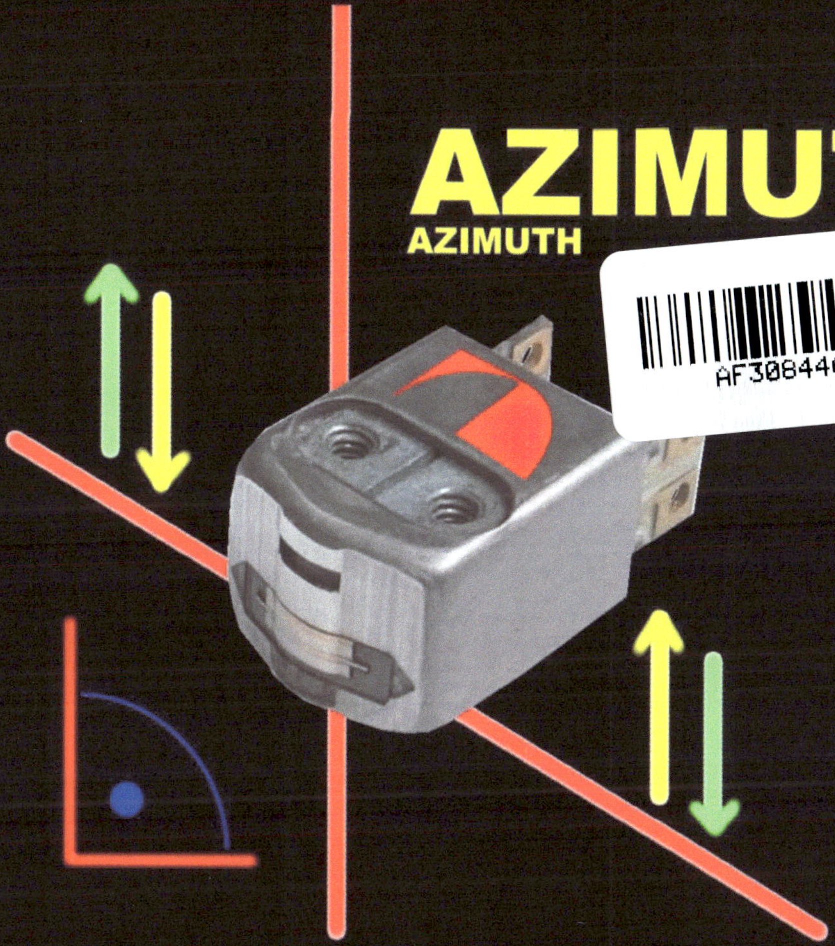

Renate & Uwe H. Sültz
Bücher von A bis Z

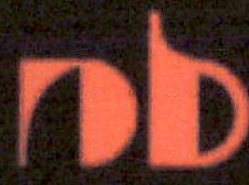

Bibliografische Information durch die Deutsche Nationalbibliothek
Die Deutsche Nationalbibliothek verzeichnet diese Publikation in der
Deutschen Nationalbibliografie; detaillierte bibliografische Daten
sind im Internet über http://dnb.dnb.de abrufbar.

Meine Musikgeräte:

____

____

____

____

____

Meine Servicarbeiten starteten am:

____

© Renate & Uwe H. Sültz
Herstellung und Verlag:
BoD – Books on Demand, Norderstedt
ISBN 9-78373-4-72434-3

Der Compact Cassetten Recorder Service ist für eine lange Freude mit dem Gerät nötig. Bei regelmäßigem Wartungsdienst können Reparaturen hinausgezögert werden. Staub und Nikotin sind Feinde jedes Recorders. Gerade die Gummiteile leiden stark. Nach ca. 50 Laufstunden ist eine Reinigung durchzuführen, nach 100 Betriebsstunden sollte der Service-Plan abgearbeitet werden. Ist dann nach 1000 bis 2000 Betriebsstunden der Erfolg nicht mehr da, wird der Tonkopf abgespielt sein. Dies geht natürlich schneller, wenn die Eintauchtiefe nicht stimmt. Diese wiederum ist nur falsch, wenn ein falscher Austauschkopf eingebaut wurde. Sollte zerknittertes Band zu sehen sein, liegt es an der Andruckrolle und am Drehmoment. Bei nicht einstellbaren Drehmomenten ist die Rutschkupplung zu wechseln. Ein Wort zur Gauge: Nicht jeder hat sie, aber es verstellen sich Eintauchtiefe und Kippneigung eher selten. Aber dazu: Schon eine Neigung von wenigen Winkelminuten (1/60 Grad) kann hohe Frequenzen schlucken.

Tipp: Nach dem Einlegen der Testcassette zuerst die Rücklauftaste drücken, falls die Cassette nicht richtig sitzt und die Kopfmechanik verbiegen könnte. Es wird nun auf alle Schritte eingegangen:

<u>Reinigung und Entmagnetisierung</u>

Den kompletten Bandpfad (alle Teile mit denen das Band in Kontakt ist) mit Tonköpfen, Capstanwelle(n) und Andruckrolle(n) reinigen.

Tonköpfe, Capstanwelle(n) und weitere metallische Teile im Bandlauf entmagnetisieren.

Die Entmagnetisierung aller metallischen Teile im Bandlauf ist deswegen dringend notwendig, damit die verwendeten Referenzkassetten nicht durch magnetisierte Teile leiden (z.B. würde Pegelverlust die Referenzkassette unbrauchbar machen).

Geschwindigkeitseinstellung

Nicht jedes Tapedeck bietet die Möglichkeit einer elektronischen Geschwindigkeitseinstellung. Da die Motoren geregelt sind, vernachlässigen wir den Service.

Messmethode mit Referenzkassette

Testkassette mehrfach umspulen, damit sich die Bandwickel auf die korrekte Bandlaufposition im Gerät einstellen können.

Testkassette (mit 3,15 kHz Testsignal) abspielen.

Wiedergegebene Frequenz am Ausgang messen.

Dabei die Geschwindigkeit so einstellen, dass am Ausgang die Testfrequenz gemessen wird.

Abhörmethode mit Referenzkassette

Testkassette mehrfach umspulen, damit sich die Bandwickel auf die korrekte Bandlaufposition im Gerät einstellen können.

Testkassette (mit 3,15 kHz Testsignal) abspielen.

Auf den einen Kanal eines Stereo-Kopfhörers das Signal der Testkassette geben und auf den anderen Kanal ein Referenzsignal mit gleicher Frequenz aus einem Frequenzgenerator.

Stereo-Kopfhörer mit ca. 2-3cm Abstand gegenüber halten und nahe am Ohr abhören.

Dann die Geschwindigkeit so justieren bis sich die Schwebungen auf kaum noch wahrnehmbare Abweichungen annähern.

Die abgebildete KÖNIG-Cassette erlaubt die Einstellung optisch mit Hilfe einer Lampe (natürlich keine LED).

Prüfung des Bandlaufpfads

Sicht-Prüfung des gesamten Bandlaufpfads mit einer Spiegelkassette.

Der Bandverlauf und die Tonkopfeinstellung müssen höhenmäßig zueinander stimmen.

Ebenso muss das Band auch in seiner Breite mittig in den Bandführungen laufen und darf nicht seitlich an den Bandführung (Führungsgabeln) streifen.

Azimut (Spurfehlwinkel) des Wiedergabekopfs einstellen

Prüfung mit Azimut-Referenzkassette

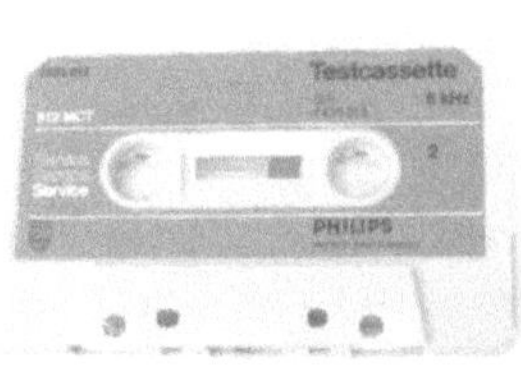
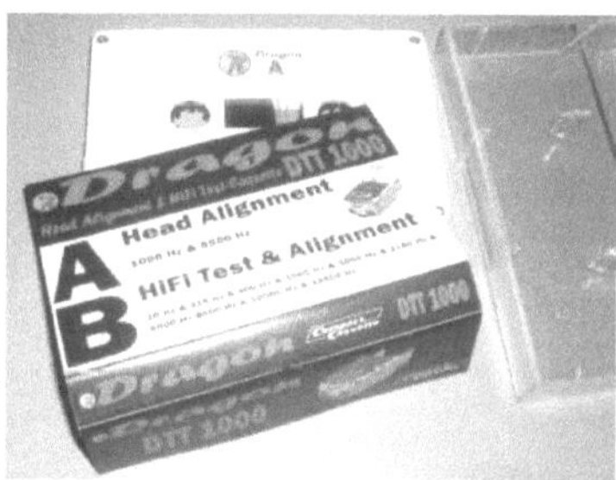

Referenzkassette mehrfach umspulen, damit sich die Bandwickel auf die korrekte Bandlaufposition im Gerät einstellen können.

Referenzkassette einlegen und Testsignal abspielen.

Ausgangssignal des rechten und linken Kanals mittels 2-Kanal-Oszilloskop im XY-Betrieb (als Lissajous Figur) darstellen. Tonkopf nun so verstellen, dass der Pegel am stärksten ist und sich dann ein schräger Strich (von unten links nach oben rechts im Winkel von 45°) auf dem Bildschirm ergibt (Phasengleichheit der beiden Kanäle).

Nach der Einstellung die Stellschraube am Tonkopf mit Schraubensicherungslack fixieren.

Zu höheren Frequenzen hin wird in der Darstellung am Oszilloskop aus einem "Strich" mehr und mehr ein ovaler Ellipsoid, der immer noch von links unten nach oben rechts im Winkel von 45° verläuft, aber sich mehr und mehr öffnet (sichtbarer Spurfehlwinkel).

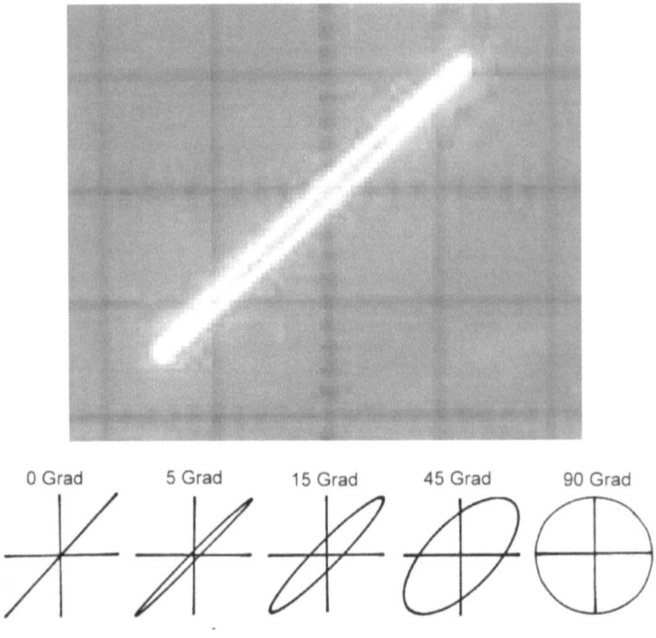

Prüfung des Azimut

Beide Wiedergabekanäle links und rechts parallel schalten (Mono-Summe).

Referenzkassette einlegen und 12,5kHz Testsignal abspielen.

Ausgangsspannung messen.

Falls die Ausgangsspannung beim Umschalten von Stereo zu Mono-Summe stark zurückgeht, bzw. periodisch schwankt, dann muss der Azimut nachgestellt werden.

Bei Mono-Summe ist etwas weniger Ausgangsspannung tolerabel, allerdings sollte der Wert zu den jeweils einzelnen Spannungen des linken und rechten Kanals gleich sein.

Grobabgleich

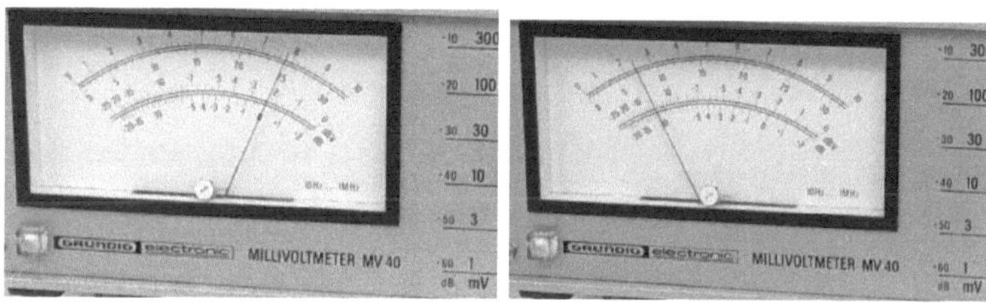

Wenn nicht sicher ist, ob der Azimut nicht eventuell kräftig verstellt wurde, dann empfiehlt sich zunächst ein Grobabgleich mit einem Signal von 1kHz (-20dB), um dann erst anschließend auf die höheren Frequenzen überzugehen.

Das kann deswegen nützlich sein, um nicht auf ein sogenanntes "Nebenmaximum" abzugleichen, an dem zwar ein Spannungsmaximum festzustellen ist, welches aber nicht das Maximum im Sinne "des absolut höchsten zu erreichenden Spannungswerts" ist.

Den Azimut so lange verstellen, bis sich nach VU Anzeige (bzw. Ausgangsspannung) ein absolutes Maximum für beide Kanäle ergibt.

Feinabgleich mit Lissajous-Darstellung am Oszilloskop

Für die Einstellung ist das 12,5kHz Signal am Wichtigsten. Dennoch sollte man mit 8 - 10kHz beginnen. Abgleich dann auf jeden Fall mit 12,5kHz Signal und zur Kontrolle ggf. auch mit höheren Frequenzen (z.B. 14/15kHz, eventuell auch mit 6,3kHz) von der Referenzkassette wiederholen.

Bei korrekter Einstellung ist im X-Y Betrieb des Oszilloskops ein Strich zu sehen der von Links unten nach rechts oben geht. Bei erhöhten Gleichlaufschwankungen entstehen Phasendrehungen (Dual-Capstan) erkennbar an dem sich öffnenden Strich bis hin zu einer Kreisbildung = 90°. Eine Mirror Kassette (Spiegelkassette) dient dann nur noch zur Kontrolle der Bandführung.

<u>Feinabgleich ohne Oszilloskop</u>

Beide Wiedergabekanäle links und rechts parallel schalten (Mono-Summe).

Ausgangsspannung mit Millivoltmeter messen.

Azimut so lange verstellen, bis sich zwischen Mono-Summe und den jeweiligen Spannungen für den linken und rechten Kanal der gleiche Wert und ein ausgeprägtes scharfes Maximum ergibt.

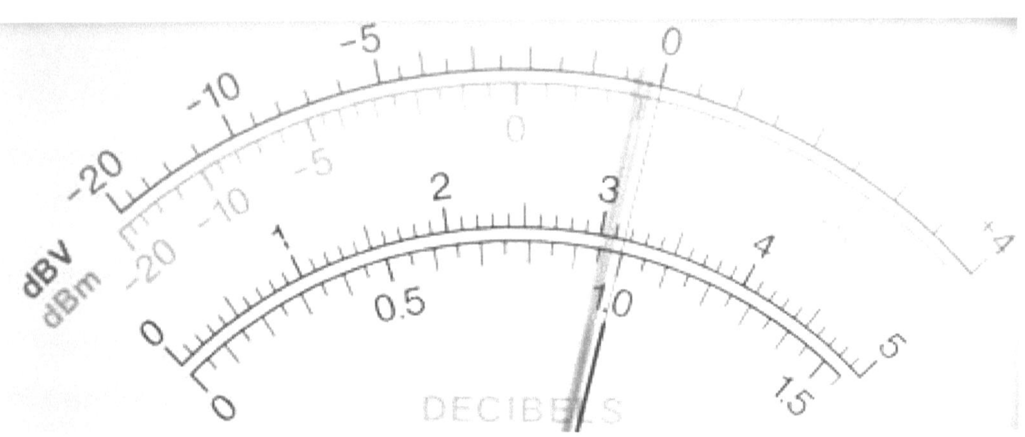

Alternative Einstellmethode

Viele MusiCassetten sind heute im Jahr 2023 "abgedudelt". Die rechte K-tel ist garantiert 100 Mal abgespielt, außerdem ist es günstges Ferro-Band.
Wenn eine MusiCassette zum Testen erworben wird, sollte es eine Chrom-Cassette sein, Klassik wäre gut.

Ggf. kann man als Referenzkassette auch eine gute bespielte Fertigkassette (z.B. von PHILIPS oder BASF) verwenden, da diese meist mit exakter Spurlage bespielt sind.

Kassette mehrfach umspulen, damit sich die Bandwickel auf die korrekte Bandlaufposition im Gerät einstellen können.

Diese Kassette nun auf dem einzustellenden Gerät abspielen und während der Wiedergabe (am besten per Kopfhörer) auf optimale Wiedergabe einstellen.

Hierzu sollten die beiden Ausgabekanäle parallel geschaltet werden um ein Mono-Summensignal zu bilden. Dort löschen sich, bei zueinander abweichender Phasenlage der Signale (bevorzugt die höheren Frequenzen), diese Passagen verringern sich in ihrer wiedergegebenen Lautstärke.

Zur Bildung des Mono-Summensignals kann ein handelsüblicher Y-Adapter verwendet werden, der beide Line-Out-Kanäle zusammenschließt. Daran (via Chinch-Kupplung) ein weiteres Y-Kabel, entgegengesetzt anschließen und die beiden Abgänge an einen Verstärker anschließen.

Monosignal via Stereoverstärker über Kopfhörer wiedergeben.

Bei Geräten mit getrennten Aufnahme- und Wiedergabekopf wird zunächst wie beschrieben der Wiedergabekopf justiert. Die Justierung des Aufnahmekopfes erfolgt dann über die sogenannte Hinterbandkontrolle, mit der man das aufgenommene Signal sofort hören kann.

Ganz elegant wäre ein Umschalter zwischen MONO und STEREO. So lässt sich sofort das Endergebnis anhören.

Eine MusiCassette in BOLBY B aufgenommen und am Recorder mit DOLBY ausgeschaltet, bringt bei der Einstellung viel, das hörbare Rauschen sollte gleichförmig sein. Außerdem werden die Höhen verstärkt, eine bessere Einstellung ist möglich.

Kippneigung des Wiedergabekopfs einstellen

Unter Kippneigung versteht man die Parallelstellung von Kopfspiegel und Bandebene.

Einstellung mit der Einstellehre

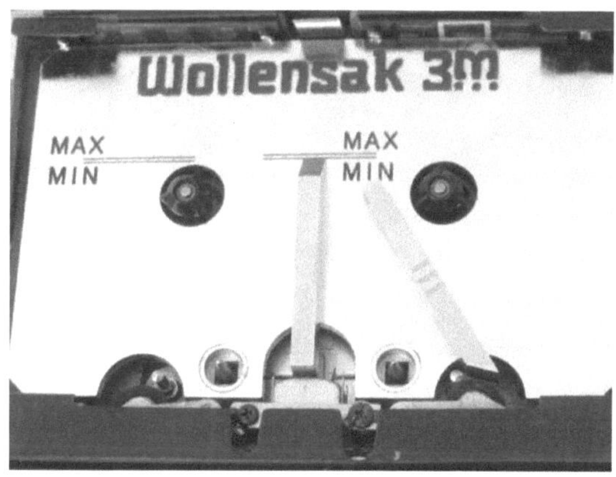

Zur wirklich korrekten Einstellung der Kippneigung bräuchte es entsprechende Referenzflächen und entsprechende (herstellerspezifische) Spezialwerkzeuge.

Diese Spezialwerkzeuge werden auf die gegebene Referenzfläche aufgelegt und besitzen Peilkanten, mit deren Hilfe die Parallelität von Kopfspiegel und Kante des Peilwerkszeugs optisch ermittelt werden kann.

Solch eine sog. Gauge ist auch erforderlich, wenn die Capstanwelle(n) und Lager erneuert werden.

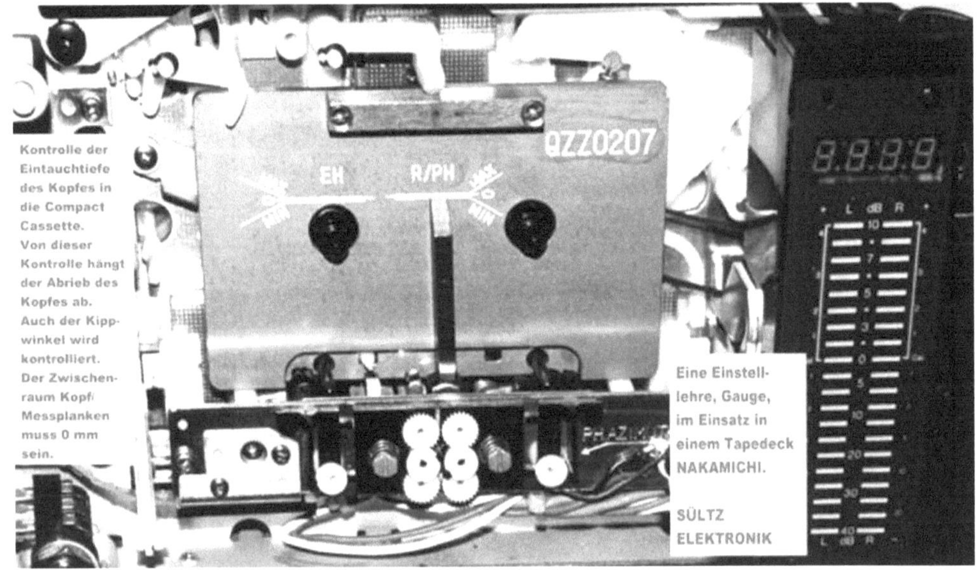

Der Kopf dieses Decks von NAKAMICHI besitzt einen schwebenden Tonkopf. Der Kopf lässt sich in alle Richtungen bewegen. Bei der Einstellung muss man wissen was man tut. Nach dem Motto unserer damaligen Werkstätten UND DREHST DU AN DEM TRIMMER WIRD DIE SACHE NUR NOCH SCHLIMMER! Sie müssen sich zwingend informieren, etwa im Schaltbild, wo gedreht werden darf.

Machen Sie sich ein Zeichen auf die Regler, wie sie gestanden haben, bevor Sie gedreht haben.

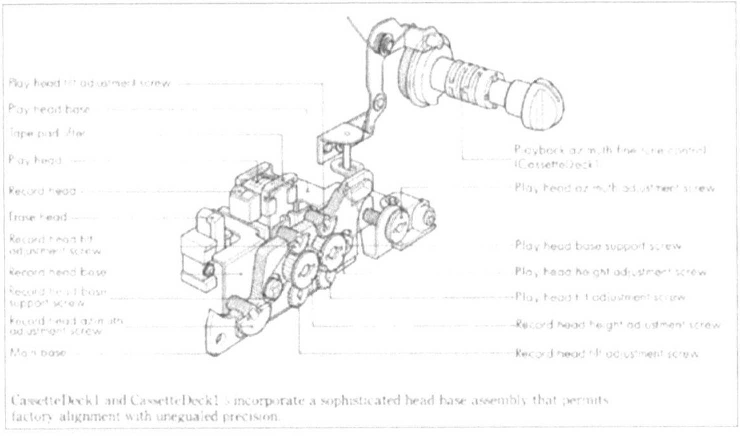

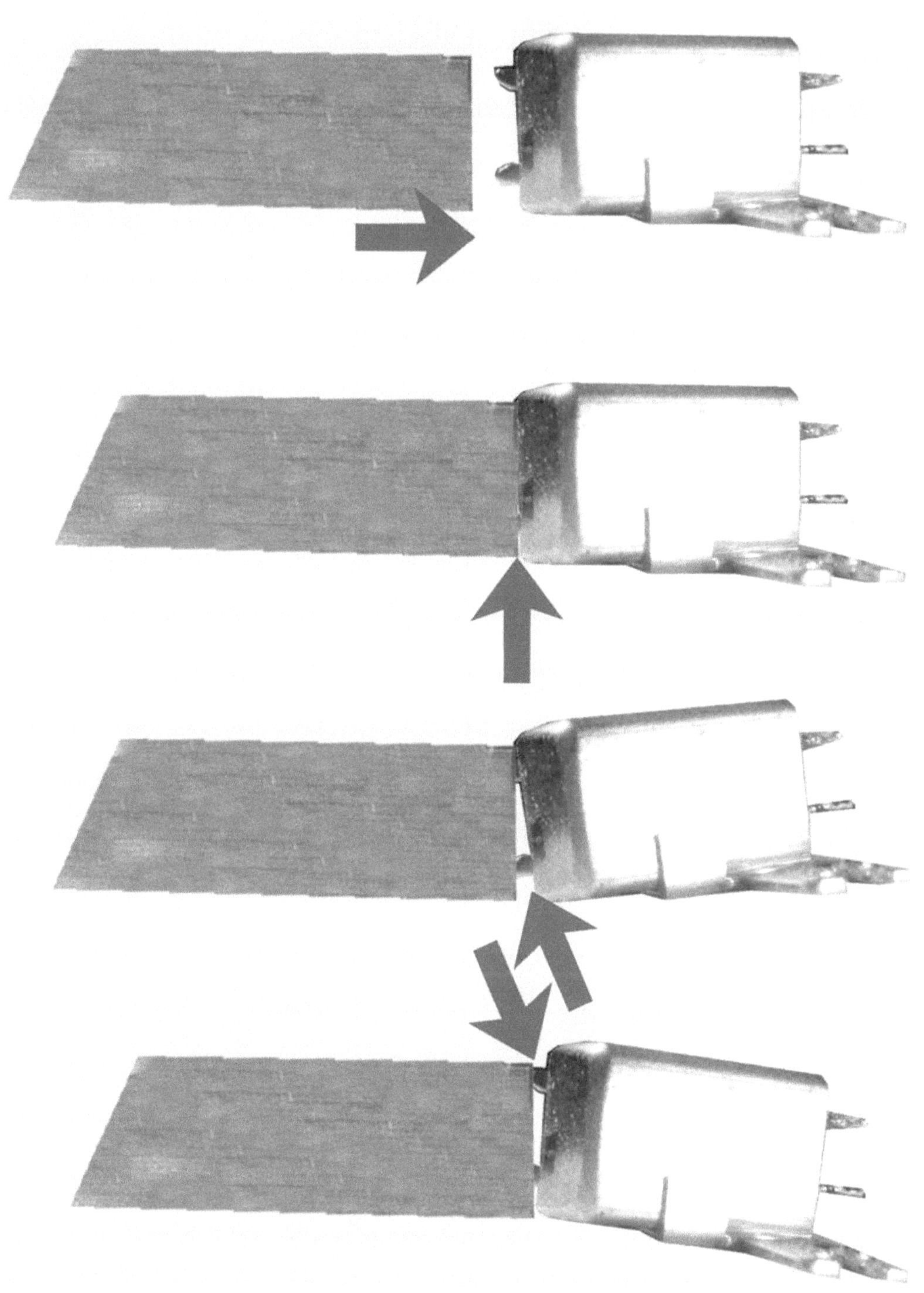

Hier die grafische Darstellung der Kippneigung.

Die Eintauchtiefe prüfen

Cassetten Recorder, die mit einer Schraube fest mit dem Chassis verbunden sind, die zweite Schraube nicht, benötigen die Prüfung der Eintauchtiefe. Gerade dann, wenn ein Kopftausch vorlag.

Beim Druck auf START fährt der Tonkopf in die Compact Cassette hinein. Das Band soll so gut wie möglich magnetisiert werden mit unserer Aufnahme. Gleichzeitig soll der Abrieb des Tonkopfes minimiert werden. In jeder Compact Cassette ist eine Andruckfeder mit Filz, manchmal nur ein Filz. Verwendet man nun sehr ein sehr raues Bandmaterial, etwa Billigkassetten oder sehr alte Bänder, wirkt alles wie Schmirgelpapier. Auf der Gauge ist nun der Bereich gekennzeichnet, der die ideale Eintauchtiefe anzeigt.

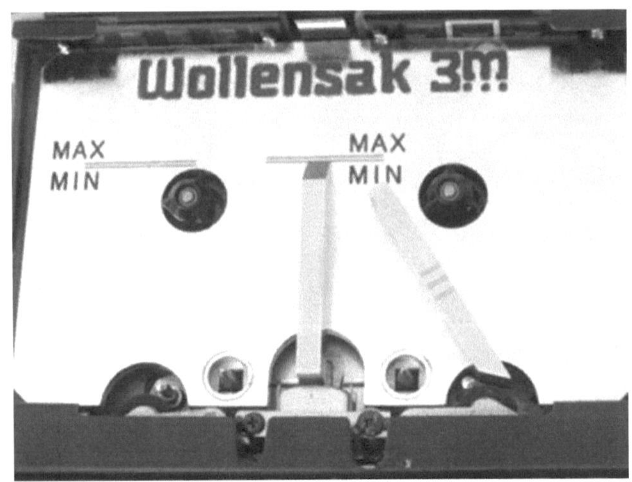

Wann wird gemessen? Nach einem Kopftausch, ob der Kopf wirklich passt. Auch wenn die Capstanwelle neu gelagert oder ausgetauscht wird. Ebenfalls werden unrunde Andruckrollen angezeigt. Natürlich lässt sich auch der Löschkopf kontrollieren.

Bandzug messen

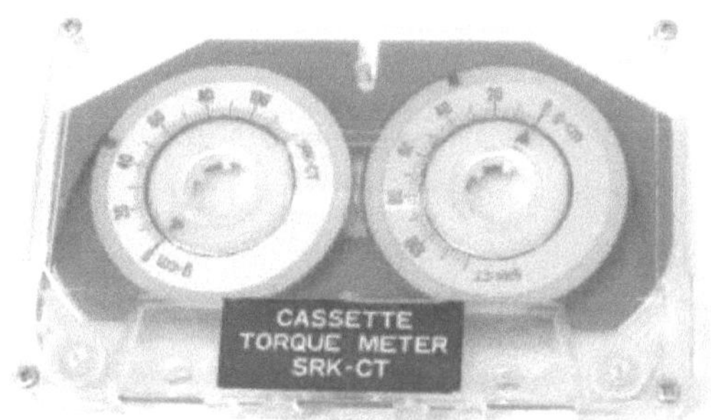

Ein Band kann auf verschiedene Möglichkeiten zerstört werden. Etwa durch eine abgenutzte Andruckrolle, auch stark verschmutzt oder wenn sie unrund wird. Das Band läuft aus der Spur und bördelt oder verwickelt sich. Eine abgenutzte Rutschkopplung kann zu Bandsalat führen. Zwischen der Rutschkupplung und der Andruckrolle müssen die Kräfte stimmen. Eingestellt und kontrolliert wird der Bandzug mit der Bandzug-Mess-Cassette. Der Bandzug kann z.Teil eingestellt werden, aber eine neue Rutschkupplung oder /und Andruckrolle ist schon erforderlich. Zum Teil lassen sich Rutschkupplungen wiederbeleben, aber Andruckrollen auf keinen Fall.

Tragen Sie in die nachfolgenden Service-Listen Ihre Arbeiten und Prüfungen ein. Am Datum erkennen Sie dann den Abstand zur letzten Prüfung, auch was sich verändert hat. Wird z.B. ein Aufwickeldrehmoment schwächer oder stärker können Sie Ihre kostbaren Bänder und Aufnahmen schützen, indem Sie die Kupplung einstellen oder austauschen. Viel Freude und Erfolg!

COMPACT CASSETTEN RECORDER SERVICE

DATUM ______________________________

GERÄT ______________________________

____

1) Deckel und Cassettenfachdeckel abnehmen.
2) Innen und Laufwerk mit weichem Pinsel reinigen.   O
3) Capstanwelle/n, Köpfe und Andruckrolle/n reinigen.   O
   Dabei Reinigungsstäbchen mit Reinigungsflüssigkeit tränken.
4) Ebenfalls die Wickeltellergummis nach 3) reinigen.   O
5) Kratzt oder springt ein Regler oder Schalter,
   KONTAKT 60 Spray hilft, weniger ist mehr.   O
6) Laufwerk entmagnetisieren.   O
7) Mit der Spiegelcassette den Bandpfad überprüfen.
   Das Band muss mittig laufen.   ja O nein O
8) Mit der Drehmomentcassette den Aufwickelwert ermitteln.
   Der Wert sollte zwischen 30 und 50 g/cm sein.   ja O nein O
9) Die Kippneigung ist mit einer Gauge zu prüfen.   ja O nein O
   Stimmt die Kippneigung nicht, ist Höhenverlust zu bemängeln.
10) Ebenfalls ist mit der Gauge die Eintauchtiefe zu prüfen.
    Ist die Eintauchtiefe zu gering, ist die Aufnahme nicht optimal.
    Ist sie zu stark, nutzt der Kopf schnell ab.   Wert i.O. O
11) Nun ist der Kopfspalt zu prüfen.
    Mit Millivoltmeter: Ist der Wert wie beim letzten Service,
    ist alles i.O.   ja O nein O
    Mit dem Oszilloskop: Lissajous-Darstellung i.O.?   ja O nein O
12) Noch einmal ist eine Entmagnetisierung nötig.   O
13) Deckel aufsetzen und verschrauben/
    Cassettenfachdeckel aufsetzen.
14) Testlauf mit einer älteren und aktuellen Aufnahme.   O

Techniker: ______________________________

1) Deckel und Cassettenfachdeckel abnehmen.

2) Innen und Laufwerk mit weichem Pinsel reinigen.   O

3) Capstanwelle/n, Köpfe und Andruckrolle/n reinigen.   O
   Dabei Reinigungsstäbchen mit Reinigungsflüssigkeit tränken.

4) Ebenfalls die Wickeltellergummis nach 3) reinigen.   O

5) Kratzt oder springt ein Regler oder Schalter,
   KONTAKT 60 Spray hilft, weniger ist mehr.   O

6) Laufwerk entmagnetisieren.   O

7) Mit der Spiegelcassette den Bandpfad überprüfen.
   Das Band muss mittig laufen.   ja O nein O

8) Mit der Drehmomentcassette den Aufwickelwert ermitteln.
   Der Wert sollte zwischen 30 und 50 g/cm sein.   ja O nein O

9) Die Kippneigung ist mit einer Gauge zu prüfen.   ja O nein O
   Stimmt die Kippneigung nicht, ist Höhenverlust zu bemängeln.

10) Ebenfalls ist mit der Gauge die Eintauchtiefe zu prüfen.
    Ist die Eintauchtiefe zu gering, ist die Aufnahme nicht optimal.
    Ist sie zu stark, nutzt der Kopf schnell ab.   Wert i.O. O

11) Nun ist der Kopfspalt zu prüfen.
    Mit Millivoltmeter: Ist der Wert wie beim letzten Service,
    ist alles i.O.   ja O nein O
    Mit dem Oszilloskop: Lissajous-Darstellung i.O.?   ja O nein O

12) Noch einmal ist eine Entmagnetisierung nötig.   O

13) Deckel aufsetzen und verschrauben/
    Cassettenfachdeckel aufsetzen.

14) Testlauf mit einer älteren und aktuellen Aufnahme.   O

Techniker: _______________________________________

COMPACT CASSETTEN RECORDER SERVICE

DATUM _______________________

GERÄT _______________________

____

1) Deckel und Cassettenfachdeckel abnehmen.
2) Innen und Laufwerk mit weichem Pinsel reinigen.   O
3) Capstanwelle/n, Köpfe und Andruckrolle/n reinigen.   O
   Dabei Reinigungsstäbchen mit Reinigungsflüssigkeit tränken.
4) Ebenfalls die Wickeltellergummis nach 3) reinigen.   O
5) Kratzt oder springt ein Regler oder Schalter,
   KONTAKT 60 Spray hilft, weniger ist mehr.   O
6) Laufwerk entmagnetisieren.   O
7) Mit der Spiegelcassette den Bandpfad überprüfen.
   Das Band muss mittig laufen.   ja O nein O
8) Mit der Drehmomentcassette den Aufwickelwert ermitteln.
   Der Wert sollte zwischen 30 und 50 g/cm sein.   ja O nein O
9) Die Kippneigung ist mit einer Gauge zu prüfen.   ja O nein O
   Stimmt die Kippneigung nicht, ist Höhenverlust zu bemängeln.
10) Ebenfalls ist mit der Gauge die Eintauchtiefe zu prüfen.
   Ist die Eintauchtiefe zu gering, ist die Aufnahme nicht optimal.
   Ist sie zu stark, nutzt der Kopf schnell ab.   Wert i.O. O
11) Nun ist der Kopfspalt zu prüfen.
   Mit Millivoltmeter: Ist der Wert wie beim letzten Service,
   ist alles i.O.   ja O nein O
   Mit dem Oszilloskop: Lissajous-Darstellung i.O.?   ja O nein O
12) Noch einmal ist eine Entmagnetisierung nötig.   O
13) Deckel aufsetzen und verschrauben/
   Cassettenfachdeckel aufsetzen.
14) Testlauf mit einer älteren und aktuellen Aufnahme.   O

Techniker: _______________________

COMPACT CASSETTEN RECORDER SERVICE

DATUM _______________________

GERÄT _______________________

____

1) Deckel und Cassettenfachdeckel abnehmen.

2) Innen und Laufwerk mit weichem Pinsel reinigen.   O

3) Capstanwelle/n, Köpfe und Andruckrolle/n reinigen.   O
   Dabei Reinigungsstäbchen mit Reinigungsflüssigkeit tränken.

4) Ebenfalls die Wickeltellergummis nach 3) reinigen.   O

5) Kratzt oder springt ein Regler oder Schalter,
   KONTAKT 60 Spray hilft, weniger ist mehr.   O

6) Laufwerk entmagnetisieren.   O

7) Mit der Spiegelcassette den Bandpfad überprüfen.
   Das Band muss mittig laufen.   ja O nein O

8) Mit der Drehmomentcassette den Aufwickelwert ermitteln.
   Der Wert sollte zwischen 30 und 50 g/cm sein.   ja O nein O

9) Die Kippneigung ist mit einer Gauge zu prüfen.   ja O nein O
   Stimmt die Kippneigung nicht, ist Höhenverlust zu bemängeln.

10) Ebenfalls ist mit der Gauge die Eintauchtiefe zu prüfen.
    Ist die Eintauchtiefe zu gering, ist die Aufnahme nicht optimal.
    Ist sie zu stark, nutzt der Kopf schnell ab.   Wert i.O. O

11) Nun ist der Kopfspalt zu prüfen.
    Mit Millivoltmeter: Ist der Wert wie beim letzten Service,
    ist alles i.O.   ja O nein O
    Mit dem Oszilloskop: Lissajous-Darstellung i.O.?   ja O nein O

12) Noch einmal ist eine Entmagnetisierung nötig.   O

13) Deckel aufsetzen und verschrauben/
    Cassettenfachdeckel aufsetzen.

14) Testlauf mit einer älteren und aktuellen Aufnahme.   O

Techniker: _______________________________________

COMPACT CASSETTEN RECORDER SERVICE

DATUM _______________________

GERÄT _______________________

____

1) Deckel und Cassettenfachdeckel abnehmen.
2) Innen und Laufwerk mit weichem Pinsel reinigen. O
3) Capstanwelle/n, Köpfe und Andruckrolle/n reinigen. O
   Dabei Reinigungsstäbchen mit Reinigungsflüssigkeit tränken.
4) Ebenfalls die Wickeltellergummis nach 3) reinigen. O
5) Kratzt oder springt ein Regler oder Schalter,
   KONTAKT 60 Spray hilft, weniger ist mehr. O
6) Laufwerk entmagnetisieren. O
7) Mit der Spiegelcassette den Bandpfad überprüfen.
   Das Band muss mittig laufen. ja O nein O
8) Mit der Drehmomentcassette den Aufwickelwert ermitteln.
   Der Wert sollte zwischen 30 und 50 g/cm sein. ja O nein O
9) Die Kippneigung ist mit einer Gauge zu prüfen. ja O nein O
   Stimmt die Kippneigung nicht, ist Höhenverlust zu bemängeln.
10) Ebenfalls ist mit der Gauge die Eintauchtiefe zu prüfen.
    Ist die Eintauchtiefe zu gering, ist die Aufnahme nicht optimal.
    Ist sie zu stark, nutzt der Kopf schnell ab. Wert i.O. O
11) Nun ist der Kopfspalt zu prüfen.
    Mit Millivoltmeter: Ist der Wert wie beim letzten Service,
    ist alles i.O. ja O nein O
    Mit dem Oszilloskop: Lissajous-Darstellung i.O.? ja O nein O
12) Noch einmal ist eine Entmagnetisierung nötig. O
13) Deckel aufsetzen und verschrauben/
    Cassettenfachdeckel aufsetzen.
14) Testlauf mit einer älteren und aktuellen Aufnahme. O

Techniker: _______________________

COMPACT CASSETTEN RECORDER SERVICE

DATUM _______________________

GERÄT _______________________

____

1) Deckel und Cassettenfachdeckel abnehmen.

2) Innen und Laufwerk mit weichem Pinsel reinigen. O

3) Capstanwelle/n, Köpfe und Andruckrolle/n reinigen. O
Dabei Reinigungsstäbchen mit Reinigungsflüssigkeit tränken.

4) Ebenfalls die Wickeltellergummis nach 3) reinigen. O

5) Kratzt oder springt ein Regler oder Schalter,
KONTAKT 60 Spray hilft, weniger ist mehr. O

6) Laufwerk entmagnetisieren. O

7) Mit der Spiegelcassette den Bandpfad überprüfen.
Das Band muss mittig laufen. ja O nein O

8) Mit der Drehmomentcassette den Aufwickelwert ermitteln.
Der Wert sollte zwischen 30 und 50 g/cm sein. ja O nein O

9) Die Kippneigung ist mit einer Gauge zu prüfen. ja O nein O
Stimmt die Kippneigung nicht, ist Höhenverlust zu bemängeln.

10) Ebenfalls ist mit der Gauge die Eintauchtiefe zu prüfen.
Ist die Eintauchtiefe zu gering, ist die Aufnahme nicht optimal.
Ist sie zu stark, nutzt der Kopf schnell ab. Wert i.O. O

11) Nun ist der Kopfspalt zu prüfen.
Mit Millivoltmeter: Ist der Wert wie beim letzten Service,
ist alles i.O. ja O nein O
Mit dem Oszilloskop: Lissajous-Darstellung i.O.? ja O nein O

12) Noch einmal ist eine Entmagnetisierung nötig. O

13) Deckel aufsetzen und verschrauben/
Cassettenfachdeckel aufsetzen.

14) Testlauf mit einer älteren und aktuellen Aufnahme. O

Techniker: ____

COMPACT CASSETTEN RECORDER SERVICE

DATUM _______________________

GERÄT _______________________

____

1) Deckel und Cassettenfachdeckel abnehmen.
2) Innen und Laufwerk mit weichem Pinsel reinigen.   O
3) Capstanwelle/n, Köpfe und Andruckrolle/n reinigen.   O
    Dabei Reinigungsstäbchen mit Reinigungsflüssigkeit tränken.
4) Ebenfalls die Wickeltellergummis nach 3) reinigen.   O
5) Kratzt oder springt ein Regler oder Schalter,
    KONTAKT 60 Spray hilft, weniger ist mehr.   O
6) Laufwerk entmagnetisieren.   O
7) Mit der Spiegelcassette den Bandpfad überprüfen.
    Das Band muss mittig laufen.   ja O nein O
8) Mit der Drehmomentcassette den Aufwickelwert ermitteln.
    Der Wert sollte zwischen 30 und 50 g/cm sein.   ja O nein O
9) Die Kippneigung ist mit einer Gauge zu prüfen.   ja O nein O
    Stimmt die Kippneigung nicht, ist Höhenverlust zu bemängeln.
10) Ebenfalls ist mit der Gauge die Eintauchtiefe zu prüfen.
    Ist die Eintauchtiefe zu gering, ist die Aufnahme nicht optimal.
    Ist sie zu stark, nutzt der Kopf schnell ab.   Wert i.O. O
11) Nun ist der Kopfspalt zu prüfen.
    Mit Millivoltmeter: Ist der Wert wie beim letzten Service,
    ist alles i.O.   ja O nein O
    Mit dem Oszilloskop: Lissajous-Darstellung i.O.?   ja O nein O
12) Noch einmal ist eine Entmagnetisierung nötig.   O
13) Deckel aufsetzen und verschrauben/
    Cassettenfachdeckel aufsetzen.
14) Testlauf mit einer älteren und aktuellen Aufnahme.   O

Techniker: _______________________________________

COMPACT CASSETTEN RECORDER SERVICE

DATUM _______________________

GERÄT _______________________

____

1) Deckel und Cassettenfachdeckel abnehmen.

2) Innen und Laufwerk mit weichem Pinsel reinigen. O

3) Capstanwelle/n, Köpfe und Andruckrolle/n reinigen. O
   Dabei Reinigungsstäbchen mit Reinigungsflüssigkeit tränken.

4) Ebenfalls die Wickeltellergummis nach 3) reinigen. O

5) Kratzt oder springt ein Regler oder Schalter,
   KONTAKT 60 Spray hilft, weniger ist mehr. O

6) Laufwerk entmagnetisieren. O

7) Mit der Spiegelcassette den Bandpfad überprüfen.
   Das Band muss mittig laufen. ja O nein O

8) Mit der Drehmomentcassette den Aufwickelwert ermitteln.
   Der Wert sollte zwischen 30 und 50 g/cm sein. ja O nein O

9) Die Kippneigung ist mit einer Gauge zu prüfen. ja O nein O
   Stimmt die Kippneigung nicht, ist Höhenverlust zu bemängeln.

10) Ebenfalls ist mit der Gauge die Eintauchtiefe zu prüfen.
    Ist die Eintauchtiefe zu gering, ist die Aufnahme nicht optimal.
    Ist sie zu stark, nutzt der Kopf schnell ab. Wert i.O. O

11) Nun ist der Kopfspalt zu prüfen.
    Mit Millivoltmeter: Ist der Wert wie beim letzten Service,
    ist alles i.O. ja O nein O
    Mit dem Oszilloskop: Lissajous-Darstellung i.O.? ja O nein O

12) Noch einmal ist eine Entmagnetisierung nötig. O

13) Deckel aufsetzen und verschrauben/
    Cassettenfachdeckel aufsetzen.

14) Testlauf mit einer älteren und aktuellen Aufnahme. O

Techniker: _______________________________________

COMPACT CASSETTEN RECORDER SERVICE

DATUM _______________________

GERÄT _______________________

____

1) Deckel und Cassettenfachdeckel abnehmen.

2) Innen und Laufwerk mit weichem Pinsel reinigen.   O

3) Capstanwelle/n, Köpfe und Andruckrolle/n reinigen.   O
   Dabei Reinigungsstäbchen mit Reinigungsflüssigkeit tränken.

4) Ebenfalls die Wickeltellergummis nach 3) reinigen.   O

5) Kratzt oder springt ein Regler oder Schalter,
   KONTAKT 60 Spray hilft, weniger ist mehr.   O

6) Laufwerk entmagnetisieren.   O

7) Mit der Spiegelcassette den Bandpfad überprüfen.
   Das Band muss mittig laufen.   ja O nein O

8) Mit der Drehmomentcassette den Aufwickelwert ermitteln.
   Der Wert sollte zwischen 30 und 50 g/cm sein.   ja O nein O

9) Die Kippneigung ist mit einer Gauge zu prüfen.   ja O nein O
   Stimmt die Kippneigung nicht, ist Höhenverlust zu bemängeln.

10) Ebenfalls ist mit der Gauge die Eintauchtiefe zu prüfen.
    Ist die Eintauchtiefe zu gering, ist die Aufnahme nicht optimal.
    Ist sie zu stark, nutzt der Kopf schnell ab.   Wert i.O. O

11) Nun ist der Kopfspalt zu prüfen.
    Mit Millivoltmeter: Ist der Wert wie beim letzten Service,
    ist alles i.O.   ja O nein O
    Mit dem Oszilloskop: Lissajous-Darstellung i.O.?   ja O nein O

12) Noch einmal ist eine Entmagnetisierung nötig.   O

13) Deckel aufsetzen und verschrauben/
    Cassettenfachdeckel aufsetzen.

14) Testlauf mit einer älteren und aktuellen Aufnahme.   O

Techniker: _______________________

COMPACT CASSETTEN RECORDER SERVICE

DATUM _______________________

GERÄT _______________________

____

1) Deckel und Cassettenfachdeckel abnehmen.

2) Innen und Laufwerk mit weichem Pinsel reinigen.   O

3) Capstanwelle/n, Köpfe und Andruckrolle/n reinigen.   O
   Dabei Reinigungsstäbchen mit Reinigungsflüssigkeit tränken.

4) Ebenfalls die Wickeltellergummis nach 3) reinigen.   O

5) Kratzt oder springt ein Regler oder Schalter,
   KONTAKT 60 Spray hilft, weniger ist mehr.   O

6) Laufwerk entmagnetisieren.   O

7) Mit der Spiegelcassette den Bandpfad überprüfen.
   Das Band muss mittig laufen.   ja O nein O

8) Mit der Drehmomentcassette den Aufwickelwert ermitteln.
   Der Wert sollte zwischen 30 und 50 g/cm sein.   ja O nein O

9) Die Kippneigung ist mit einer Gauge zu prüfen.   ja O nein O
   Stimmt die Kippneigung nicht, ist Höhenverlust zu bemängeln.

10) Ebenfalls ist mit der Gauge die Eintauchtiefe zu prüfen.
    Ist die Eintauchtiefe zu gering, ist die Aufnahme nicht optimal.
    Ist sie zu stark, nutzt der Kopf schnell ab.   Wert i.O. O

11) Nun ist der Kopfspalt zu prüfen.
    Mit Millivoltmeter: Ist der Wert wie beim letzten Service,
    ist alles i.O.   ja O nein O
    Mit dem Oszilloskop: Lissajous-Darstellung i.O.?   ja O nein O

12) Noch einmal ist eine Entmagnetisierung nötig.   O

13) Deckel aufsetzen und verschrauben/
    Cassettenfachdeckel aufsetzen.

14) Testlauf mit einer älteren und aktuellen Aufnahme.   O

Techniker: _______________________

COMPACT CASSETTEN RECORDER SERVICE

DATUM _______________________

GERÄT _______________________

____

1) Deckel und Cassettenfachdeckel abnehmen.
2) Innen und Laufwerk mit weichem Pinsel reinigen. O
3) Capstanwelle/n, Köpfe und Andruckrolle/n reinigen. O
   Dabei Reinigungsstäbchen mit Reinigungsflüssigkeit tränken.
4) Ebenfalls die Wickeltellergummis nach 3) reinigen. O
5) Kratzt oder springt ein Regler oder Schalter,
   KONTAKT 60 Spray hilft, weniger ist mehr. O
6) Laufwerk entmagnetisieren. O
7) Mit der Spiegelcassette den Bandpfad überprüfen.
   Das Band muss mittig laufen. ja O nein O
8) Mit der Drehmomentcassette den Aufwickelwert ermitteln.
   Der Wert sollte zwischen 30 und 50 g/cm sein. ja O nein O
9) Die Kippneigung ist mit einer Gauge zu prüfen. ja O nein O
   Stimmt die Kippneigung nicht, ist Höhenverlust zu bemängeln.
10) Ebenfalls ist mit der Gauge die Eintauchtiefe zu prüfen.
    Ist die Eintauchtiefe zu gering, ist die Aufnahme nicht optimal.
    Ist sie zu stark, nutzt der Kopf schnell ab. Wert i.O. O
11) Nun ist der Kopfspalt zu prüfen.
    Mit Millivoltmeter: Ist der Wert wie beim letzten Service,
    ist alles i.O. ja O nein O
    Mit dem Oszilloskop: Lissajous-Darstellung i.O.? ja O nein O
12) Noch einmal ist eine Entmagnetisierung nötig. O
13) Deckel aufsetzen und verschrauben/
    Cassettenfachdeckel aufsetzen.
14) Testlauf mit einer älteren und aktuellen Aufnahme. O

Techniker: _______________________

COMPACT CASSETTEN RECORDER SERVICE

DATUM ___________________________

GERÄT ___________________________

____

1) Deckel und Cassettenfachdeckel abnehmen.

2) Innen und Laufwerk mit weichem Pinsel reinigen.   O

3) Capstanwelle/n, Köpfe und Andruckrolle/n reinigen.   O
Dabei Reinigungsstäbchen mit Reinigungsflüssigkeit tränken.

4) Ebenfalls die Wickeltellergummis nach 3) reinigen.   O

5) Kratzt oder springt ein Regler oder Schalter,
KONTAKT 60 Spray hilft, weniger ist mehr.   O

6) Laufwerk entmagnetisieren.   O

7) Mit der Spiegelcassette den Bandpfad überprüfen.
Das Band muss mittig laufen.   ja O nein O

8) Mit der Drehmomentcassette den Aufwickelwert ermitteln.
Der Wert sollte zwischen 30 und 50 g/cm sein.   ja O nein O

9) Die Kippneigung ist mit einer Gauge zu prüfen.   ja O nein O
Stimmt die Kippneigung nicht, ist Höhenverlust zu bemängeln.

10) Ebenfalls ist mit der Gauge die Eintauchtiefe zu prüfen.
Ist die Eintauchtiefe zu gering, ist die Aufnahme nicht optimal.
Ist sie zu stark, nutzt der Kopf schnell ab.   Wert i.O. O

11) Nun ist der Kopfspalt zu prüfen.
Mit Millivoltmeter: Ist der Wert wie beim letzten Service,
ist alles i.O.   ja O nein O
Mit dem Oszilloskop: Lissajous-Darstellung i.O.?   ja O nein O

12) Noch einmal ist eine Entmagnetisierung nötig.   O

13) Deckel aufsetzen und verschrauben/
Cassettenfachdeckel aufsetzen.

14) Testlauf mit einer älteren und aktuellen Aufnahme.   O

Techniker: ___________________________

COMPACT CASSETTEN RECORDER SERVICE

DATUM ________________________

GERÄT ________________________

____

1) Deckel und Cassettenfachdeckel abnehmen.

2) Innen und Laufwerk mit weichem Pinsel reinigen. O

3) Capstanwelle/n, Köpfe und Andruckrolle/n reinigen. O
Dabei Reinigungsstäbchen mit Reinigungsflüssigkeit tränken.

4) Ebenfalls die Wickeltellergummis nach 3) reinigen. O

5) Kratzt oder springt ein Regler oder Schalter,
KONTAKT 60 Spray hilft, weniger ist mehr. O

6) Laufwerk entmagnetisieren. O

7) Mit der Spiegelcassette den Bandpfad überprüfen.
Das Band muss mittig laufen. ja O nein O

8) Mit der Drehmomentcassette den Aufwickelwert ermitteln.
Der Wert sollte zwischen 30 und 50 g/cm sein. ja O nein O

9) Die Kippneigung ist mit einer Gauge zu prüfen. ja O nein O
Stimmt die Kippneigung nicht, ist Höhenverlust zu bemängeln.

10) Ebenfalls ist mit der Gauge die Eintauchtiefe zu prüfen.
Ist die Eintauchtiefe zu gering, ist die Aufnahme nicht optimal.
Ist sie zu stark, nutzt der Kopf schnell ab. Wert i.O. O

11) Nun ist der Kopfspalt zu prüfen.
Mit Millivoltmeter: Ist der Wert wie beim letzten Service,
ist alles i.O. ja O nein O
Mit dem Oszilloskop: Lissajous-Darstellung i.O.? ja O nein O

12) Noch einmal ist eine Entmagnetisierung nötig. O

13) Deckel aufsetzen und verschrauben/
Cassettenfachdeckel aufsetzen.

14) Testlauf mit einer älteren und aktuellen Aufnahme. O

Techniker: ________________________

DATUM _______________________

GERÄT _______________________

____

1) Deckel und Cassettenfachdeckel abnehmen.

2) Innen und Laufwerk mit weichem Pinsel reinigen. O

3) Capstanwelle/n, Köpfe und Andruckrolle/n reinigen. O
   Dabei Reinigungsstäbchen mit Reinigungsflüssigkeit tränken.

4) Ebenfalls die Wickeltellergummis nach 3) reinigen. O

5) Kratzt oder springt ein Regler oder Schalter,
   KONTAKT 60 Spray hilft, weniger ist mehr. O

6) Laufwerk entmagnetisieren. O

7) Mit der Spiegelcassette den Bandpfad überprüfen.
   Das Band muss mittig laufen. ja O nein O

8) Mit der Drehmomentcassette den Aufwickelwert ermitteln.
   Der Wert sollte zwischen 30 und 50 g/cm sein. ja O nein O

9) Die Kippneigung ist mit einer Gauge zu prüfen. ja O nein O
   Stimmt die Kippneigung nicht, ist Höhenverlust zu bemängeln.

10) Ebenfalls ist mit der Gauge die Eintauchtiefe zu prüfen.
    Ist die Eintauchtiefe zu gering, ist die Aufnahme nicht optimal.
    Ist sie zu stark, nutzt der Kopf schnell ab. Wert i.O. O

11) Nun ist der Kopfspalt zu prüfen.
    Mit Millivoltmeter: Ist der Wert wie beim letzten Service,
    ist alles i.O. ja O nein O
    Mit dem Oszilloskop: Lissajous-Darstellung i.O.? ja O nein O

12) Noch einmal ist eine Entmagnetisierung nötig. O

13) Deckel aufsetzen und verschrauben/
    Cassettenfachdeckel aufsetzen.

14) Testlauf mit einer älteren und aktuellen Aufnahme. O

Techniker: _______________________________________

COMPACT CASSETTEN RECORDER SERVICE

DATUM ______________________

GERÄT ______________________

____

1) Deckel und Cassettenfachdeckel abnehmen.

2) Innen und Laufwerk mit weichem Pinsel reinigen.   O

3) Capstanwelle/n, Köpfe und Andruckrolle/n reinigen.   O
    Dabei Reinigungsstäbchen mit Reinigungsflüssigkeit tränken.

4) Ebenfalls die Wickeltellergummis nach 3) reinigen.   O

5) Kratzt oder springt ein Regler oder Schalter,
    KONTAKT 60 Spray hilft, weniger ist mehr.   O

6) Laufwerk entmagnetisieren.   O

7) Mit der Spiegelcassette den Bandpfad überprüfen.
    Das Band muss mittig laufen.   ja O nein O

8) Mit der Drehmomentcassette den Aufwickelwert ermitteln.
    Der Wert sollte zwischen 30 und 50 g/cm sein.   ja O nein O

9) Die Kippneigung ist mit einer Gauge zu prüfen.   ja O nein O
    Stimmt die Kippneigung nicht, ist Höhenverlust zu bemängeln.

10) Ebenfalls ist mit der Gauge die Eintauchtiefe zu prüfen.
    Ist die Eintauchtiefe zu gering, ist die Aufnahme nicht optimal.
    Ist sie zu stark, nutzt der Kopf schnell ab.   Wert i.O. O

11) Nun ist der Kopfspalt zu prüfen.
    Mit Millivoltmeter: Ist der Wert wie beim letzten Service,
    ist alles i.O.   ja O nein O
    Mit dem Oszilloskop: Lissajous-Darstellung i.O.?   ja O nein O

12) Noch einmal ist eine Entmagnetisierung nötig.   O

13) Deckel aufsetzen und verschrauben/
    Cassettenfachdeckel aufsetzen.

14) Testlauf mit einer älteren und aktuellen Aufnahme.   O

Techniker: ______________________

COMPACT CASSETTEN RECORDER SERVICE

DATUM _______________________

GERÄT _______________________

____

1) Deckel und Cassettenfachdeckel abnehmen.

2) Innen und Laufwerk mit weichem Pinsel reinigen.   O

3) Capstanwelle/n, Köpfe und Andruckrolle/n reinigen.   O
   Dabei Reinigungsstäbchen mit Reinigungsflüssigkeit tränken.

4) Ebenfalls die Wickeltellergummis nach 3) reinigen.   O

5) Kratzt oder springt ein Regler oder Schalter,
   KONTAKT 60 Spray hilft, weniger ist mehr.   O

6) Laufwerk entmagnetisieren.   O

7) Mit der Spiegelcassette den Bandpfad überprüfen.
   Das Band muss mittig laufen.   ja O nein O

8) Mit der Drehmomentcassette den Aufwickelwert ermitteln.
   Der Wert sollte zwischen 30 und 50 g/cm sein.   ja O nein O

9) Die Kippneigung ist mit einer Gauge zu prüfen.   ja O nein O
   Stimmt die Kippneigung nicht, ist Höhenverlust zu bemängeln.

10) Ebenfalls ist mit der Gauge die Eintauchtiefe zu prüfen.
    Ist die Eintauchtiefe zu gering, ist die Aufnahme nicht optimal.
    Ist sie zu stark, nutzt der Kopf schnell ab.   Wert i.O. O

11) Nun ist der Kopfspalt zu prüfen.
    Mit Millivoltmeter: Ist der Wert wie beim letzten Service,
    ist alles i.O.   ja O nein O
    Mit dem Oszilloskop: Lissajous-Darstellung i.O.?   ja O nein O

12) Noch einmal ist eine Entmagnetisierung nötig.   O

13) Deckel aufsetzen und verschrauben/
    Cassettenfachdeckel aufsetzen.

14) Testlauf mit einer älteren und aktuellen Aufnahme.   O

Techniker: _______________________________________

COMPACT CASSETTEN RECORDER SERVICE

DATUM _______________________

GERÄT _______________________

____

1) Deckel und Cassettenfachdeckel abnehmen.

2) Innen und Laufwerk mit weichem Pinsel reinigen.   O

3) Capstanwelle/n, Köpfe und Andruckrolle/n reinigen.   O
Dabei Reinigungsstäbchen mit Reinigungsflüssigkeit tränken.

4) Ebenfalls die Wickeltellergummis nach 3) reinigen.   O

5) Kratzt oder springt ein Regler oder Schalter,
KONTAKT 60 Spray hilft, weniger ist mehr.   O

6) Laufwerk entmagnetisieren.   O

7) Mit der Spiegelcassette den Bandpfad überprüfen.
Das Band muss mittig laufen.   ja O nein O

8) Mit der Drehmomentcassette den Aufwickelwert ermitteln.
Der Wert sollte zwischen 30 und 50 g/cm sein.   ja O nein O

9) Die Kippneigung ist mit einer Gauge zu prüfen.   ja O nein O
Stimmt die Kippneigung nicht, ist Höhenverlust zu bemängeln.

10) Ebenfalls ist mit der Gauge die Eintauchtiefe zu prüfen.
Ist die Eintauchtiefe zu gering, ist die Aufnahme nicht optimal.
Ist sie zu stark, nutzt der Kopf schnell ab.   Wert i.O. O

11) Nun ist der Kopfspalt zu prüfen.
Mit Millivoltmeter: Ist der Wert wie beim letzten Service,
ist alles i.O.   ja O nein O
Mit dem Oszilloskop: Lissajous-Darstellung i.O.?   ja O nein O

12) Noch einmal ist eine Entmagnetisierung nötig.   O

13) Deckel aufsetzen und verschrauben/
Cassettenfachdeckel aufsetzen.

14) Testlauf mit einer älteren und aktuellen Aufnahme.   O

Techniker: _______________________

DATUM _______________________

GERÄT _______________________

____

1) Deckel und Cassettenfachdeckel abnehmen.

2) Innen und Laufwerk mit weichem Pinsel reinigen.   O

3) Capstanwelle/n, Köpfe und Andruckrolle/n reinigen.   O
Dabei Reinigungsstäbchen mit Reinigungsflüssigkeit tränken.

4) Ebenfalls die Wickeltellergummis nach 3) reinigen.   O

5) Kratzt oder springt ein Regler oder Schalter,
KONTAKT 60 Spray hilft, weniger ist mehr.   O

6) Laufwerk entmagnetisieren.   O

7) Mit der Spiegelcassette den Bandpfad überprüfen.
Das Band muss mittig laufen.   ja O nein O

8) Mit der Drehmomentcassette den Aufwickelwert ermitteln.
Der Wert sollte zwischen 30 und 50 g/cm sein.   ja O nein O

9) Die Kippneigung ist mit einer Gauge zu prüfen.   ja O nein O
Stimmt die Kippneigung nicht, ist Höhenverlust zu bemängeln.

10) Ebenfalls ist mit der Gauge die Eintauchtiefe zu prüfen.
Ist die Eintauchtiefe zu gering, ist die Aufnahme nicht optimal.
Ist sie zu stark, nutzt der Kopf schnell ab.   Wert i.O. O

11) Nun ist der Kopfspalt zu prüfen.
Mit Millivoltmeter: Ist der Wert wie beim letzten Service,
ist alles i.O.   ja O nein O
Mit dem Oszilloskop: Lissajous-Darstellung i.O.?   ja O nein O

12) Noch einmal ist eine Entmagnetisierung nötig.   O

13) Deckel aufsetzen und verschrauben/
Cassettenfachdeckel aufsetzen.

14) Testlauf mit einer älteren und aktuellen Aufnahme.   O

Techniker: _______________________________________

COMPACT CASSETTEN RECORDER SERVICE

DATUM _______________________

GERÄT _______________________

____

1) Deckel und Cassettenfachdeckel abnehmen.

2) Innen und Laufwerk mit weichem Pinsel reinigen.   O

3) Capstanwelle/n, Köpfe und Andruckrolle/n reinigen.   O
   Dabei Reinigungsstäbchen mit Reinigungsflüssigkeit tränken.

4) Ebenfalls die Wickeltellergummis nach 3) reinigen.   O

5) Kratzt oder springt ein Regler oder Schalter,
   KONTAKT 60 Spray hilft, weniger ist mehr.   O

6) Laufwerk entmagnetisieren.   O

7) Mit der Spiegelcassette den Bandpfad überprüfen.
   Das Band muss mittig laufen.   ja O nein O

8) Mit der Drehmomentcassette den Aufwickelwert ermitteln.
   Der Wert sollte zwischen 30 und 50 g/cm sein.   ja O nein O

9) Die Kippneigung ist mit einer Gauge zu prüfen.   ja O nein O
   Stimmt die Kippneigung nicht, ist Höhenverlust zu bemängeln.

10) Ebenfalls ist mit der Gauge die Eintauchtiefe zu prüfen.
   Ist die Eintauchtiefe zu gering, ist die Aufnahme nicht optimal.
   Ist sie zu stark, nutzt der Kopf schnell ab.   Wert i.O. O

11) Nun ist der Kopfspalt zu prüfen.
   Mit Millivoltmeter: Ist der Wert wie beim letzten Service,
   ist alles i.O.   ja O nein O
   Mit dem Oszilloskop: Lissajous-Darstellung i.O.?   ja O nein O

12) Noch einmal ist eine Entmagnetisierung nötig.   O

13) Deckel aufsetzen und verschrauben/
   Cassettenfachdeckel aufsetzen.

14) Testlauf mit einer älteren und aktuellen Aufnahme.   O

Techniker: _______________________

DATUM ______________________

GERÄT ______________________

____

1) Deckel und Cassettenfachdeckel abnehmen.

2) Innen und Laufwerk mit weichem Pinsel reinigen.   O

3) Capstanwelle/n, Köpfe und Andruckrolle/n reinigen.   O
   Dabei Reinigungsstäbchen mit Reinigungsflüssigkeit tränken.

4) Ebenfalls die Wickeltellergummis nach 3) reinigen.   O

5) Kratzt oder springt ein Regler oder Schalter,
   KONTAKT 60 Spray hilft, weniger ist mehr.   O

6) Laufwerk entmagnetisieren.   O

7) Mit der Spiegelcassette den Bandpfad überprüfen.
   Das Band muss mittig laufen.   ja O nein O

8) Mit der Drehmomentcassette den Aufwickelwert ermitteln.
   Der Wert sollte zwischen 30 und 50 g/cm sein.   ja O nein O

9) Die Kippneigung ist mit einer Gauge zu prüfen.   ja O nein O
   Stimmt die Kippneigung nicht, ist Höhenverlust zu bemängeln.

10) Ebenfalls ist mit der Gauge die Eintauchtiefe zu prüfen.
    Ist die Eintauchtiefe zu gering, ist die Aufnahme nicht optimal.
    Ist sie zu stark, nutzt der Kopf schnell ab.   Wert i.O. O

11) Nun ist der Kopfspalt zu prüfen.
    Mit Millivoltmeter: Ist der Wert wie beim letzten Service,
    ist alles i.O.   ja O nein O
    Mit dem Oszilloskop: Lissajous-Darstellung i.O.?   ja O nein O

12) Noch einmal ist eine Entmagnetisierung nötig.   O

13) Deckel aufsetzen und verschrauben/
    Cassettenfachdeckel aufsetzen.

14) Testlauf mit einer älteren und aktuellen Aufnahme.   O

Techniker: ______________________

COMPACT CASSETTEN RECORDER SERVICE

DATUM ______________________

GERÄT ______________________

____

1) Deckel und Cassettenfachdeckel abnehmen.

2) Innen und Laufwerk mit weichem Pinsel reinigen.   O

3) Capstanwelle/n, Köpfe und Andruckrolle/n reinigen.   O
   Dabei Reinigungsstäbchen mit Reinigungsflüssigkeit tränken.

4) Ebenfalls die Wickeltellergummis nach 3) reinigen.   O

5) Kratzt oder springt ein Regler oder Schalter,
   KONTAKT 60 Spray hilft, weniger ist mehr.   O

6) Laufwerk entmagnetisieren.   O

7) Mit der Spiegelcassette den Bandpfad überprüfen.
   Das Band muss mittig laufen.   ja O nein O

8) Mit der Drehmomentcassette den Aufwickelwert ermitteln.
   Der Wert sollte zwischen 30 und 50 g/cm sein.   ja O nein O

9) Die Kippneigung ist mit einer Gauge zu prüfen.   ja O nein O
   Stimmt die Kippneigung nicht, ist Höhenverlust zu bemängeln.

10) Ebenfalls ist mit der Gauge die Eintauchtiefe zu prüfen.
    Ist die Eintauchtiefe zu gering, ist die Aufnahme nicht optimal.
    Ist sie zu stark, nutzt der Kopf schnell ab.   Wert i.O. O

11) Nun ist der Kopfspalt zu prüfen.
    Mit Millivoltmeter: Ist der Wert wie beim letzten Service,
    ist alles i.O.   ja O nein O
    Mit dem Oszilloskop: Lissajous-Darstellung i.O.?   ja O nein O

12) Noch einmal ist eine Entmagnetisierung nötig.   O

13) Deckel aufsetzen und verschrauben/
    Cassettenfachdeckel aufsetzen.

14) Testlauf mit einer älteren und aktuellen Aufnahme.   O

Techniker: ______________________________________

COMPACT CASSETTEN RECORDER SERVICE

DATUM ________________

GERÄT ________________

____

1) Deckel und Cassettenfachdeckel abnehmen.

2) Innen und Laufwerk mit weichem Pinsel reinigen.   O

3) Capstanwelle/n, Köpfe und Andruckrolle/n reinigen.   O
Dabei Reinigungsstäbchen mit Reinigungsflüssigkeit tränken.

4) Ebenfalls die Wickeltellergummis nach 3) reinigen.   O

5) Kratzt oder springt ein Regler oder Schalter,
KONTAKT 60 Spray hilft, weniger ist mehr.   O

6) Laufwerk entmagnetisieren.   O

7) Mit der Spiegelcassette den Bandpfad überprüfen.
Das Band muss mittig laufen.   ja O nein O

8) Mit der Drehmomentcassette den Aufwickelwert ermitteln.
Der Wert sollte zwischen 30 und 50 g/cm sein.   ja O nein O

9) Die Kippneigung ist mit einer Gauge zu prüfen.   ja O nein O
Stimmt die Kippneigung nicht, ist Höhenverlust zu bemängeln.

10) Ebenfalls ist mit der Gauge die Eintauchtiefe zu prüfen.
Ist die Eintauchtiefe zu gering, ist die Aufnahme nicht optimal.
Ist sie zu stark, nutzt der Kopf schnell ab.   Wert i.O. O

11) Nun ist der Kopfspalt zu prüfen.
Mit Millivoltmeter: Ist der Wert wie beim letzten Service,
ist alles i.O.   ja O nein O
Mit dem Oszilloskop: Lissajous-Darstellung i.O.?   ja O nein O

12) Noch einmal ist eine Entmagnetisierung nötig.   O

13) Deckel aufsetzen und verschrauben/
Cassettenfachdeckel aufsetzen.

14) Testlauf mit einer älteren und aktuellen Aufnahme.   O

Techniker: ________________

COMPACT CASSETTEN RECORDER SERVICE

DATUM _______________________

GERÄT _______________________

____

1) Deckel und Cassettenfachdeckel abnehmen.
2) Innen und Laufwerk mit weichem Pinsel reinigen.   O
3) Capstanwelle/n, Köpfe und Andruckrolle/n reinigen.   O
   Dabei Reinigungsstäbchen mit Reinigungsflüssigkeit tränken.
4) Ebenfalls die Wickeltellergummis nach 3) reinigen.   O
5) Kratzt oder springt ein Regler oder Schalter,
   KONTAKT 60 Spray hilft, weniger ist mehr.   O
6) Laufwerk entmagnetisieren.   O
7) Mit der Spiegelcassette den Bandpfad überprüfen.
   Das Band muss mittig laufen.   ja O nein O
8) Mit der Drehmomentcassette den Aufwickelwert ermitteln.
   Der Wert sollte zwischen 30 und 50 g/cm sein.   ja O nein O
9) Die Kippneigung ist mit einer Gauge zu prüfen.   ja O nein O
   Stimmt die Kippneigung nicht, ist Höhenverlust zu bemängeln.
10) Ebenfalls ist mit der Gauge die Eintauchtiefe zu prüfen.
    Ist die Eintauchtiefe zu gering, ist die Aufnahme nicht optimal.
    Ist sie zu stark, nutzt der Kopf schnell ab.   Wert i.O. O
11) Nun ist der Kopfspalt zu prüfen.
    Mit Millivoltmeter: Ist der Wert wie beim letzten Service,
    ist alles i.O.   ja O nein O
    Mit dem Oszilloskop: Lissajous-Darstellung i.O.?   ja O nein O
12) Noch einmal ist eine Entmagnetisierung nötig.   O
13) Deckel aufsetzen und verschrauben/
    Cassettenfachdeckel aufsetzen.
14) Testlauf mit einer älteren und aktuellen Aufnahme.   O

Techniker: _______________________

COMPACT CASSETTEN RECORDER SERVICE

DATUM ___________________________

GERÄT ___________________________

____

1) Deckel und Cassettenfachdeckel abnehmen.

2) Innen und Laufwerk mit weichem Pinsel reinigen.   O

3) Capstanwelle/n, Köpfe und Andruckrolle/n reinigen.   O
   Dabei Reinigungsstäbchen mit Reinigungsflüssigkeit tränken.

4) Ebenfalls die Wickeltellergummis nach 3) reinigen.   O

5) Kratzt oder springt ein Regler oder Schalter,
   KONTAKT 60 Spray hilft, weniger ist mehr.   O

6) Laufwerk entmagnetisieren.   O

7) Mit der Spiegelcassette den Bandpfad überprüfen.
   Das Band muss mittig laufen.   ja O nein O

8) Mit der Drehmomentcassette den Aufwickelwert ermitteln.
   Der Wert sollte zwischen 30 und 50 g/cm sein.   ja O nein O

9) Die Kippneigung ist mit einer Gauge zu prüfen.   ja O nein O
   Stimmt die Kippneigung nicht, ist Höhenverlust zu bemängeln.

10) Ebenfalls ist mit der Gauge die Eintauchtiefe zu prüfen.
    Ist die Eintauchtiefe zu gering, ist die Aufnahme nicht optimal.
    Ist sie zu stark, nutzt der Kopf schnell ab.   Wert i.O. O

11) Nun ist der Kopfspalt zu prüfen.
    Mit Millivoltmeter: Ist der Wert wie beim letzten Service,
    ist alles i.O.   ja O nein O
    Mit dem Oszilloskop: Lissajous-Darstellung i.O.?   ja O nein O

12) Noch einmal ist eine Entmagnetisierung nötig.   O

13) Deckel aufsetzen und verschrauben/
    Cassettenfachdeckel aufsetzen.

14) Testlauf mit einer älteren und aktuellen Aufnahme.   O

Techniker: ____

COMPACT CASSETTEN RECORDER SERVICE

DATUM ______________________

GERÄT ______________________

____

1) Deckel und Cassettenfachdeckel abnehmen.
2) Innen und Laufwerk mit weichem Pinsel reinigen.   O
3) Capstanwelle/n, Köpfe und Andruckrolle/n reinigen.   O
   Dabei Reinigungsstäbchen mit Reinigungsflüssigkeit tränken.
4) Ebenfalls die Wickeltellergummis nach 3) reinigen.   O
5) Kratzt oder springt ein Regler oder Schalter,
   KONTAKT 60 Spray hilft, weniger ist mehr.   O
6) Laufwerk entmagnetisieren.   O
7) Mit der Spiegelcassette den Bandpfad überprüfen.
   Das Band muss mittig laufen.   ja O nein O
8) Mit der Drehmomentcassette den Aufwickelwert ermitteln.
   Der Wert sollte zwischen 30 und 50 g/cm sein.   ja O nein O
9) Die Kippneigung ist mit einer Gauge zu prüfen.   ja O nein O
   Stimmt die Kippneigung nicht, ist Höhenverlust zu bemängeln.
10) Ebenfalls ist mit der Gauge die Eintauchtiefe zu prüfen.
    Ist die Eintauchtiefe zu gering, ist die Aufnahme nicht optimal.
    Ist sie zu stark, nutzt der Kopf schnell ab.   Wert i.O. O
11) Nun ist der Kopfspalt zu prüfen.
    Mit Millivoltmeter: Ist der Wert wie beim letzten Service,
    ist alles i.O.   ja O nein O
    Mit dem Oszilloskop: Lissajous-Darstellung i.O.?   ja O nein O
12) Noch einmal ist eine Entmagnetisierung nötig.   O
13) Deckel aufsetzen und verschrauben/
    Cassettenfachdeckel aufsetzen.
14) Testlauf mit einer älteren und aktuellen Aufnahme.   O

Techniker: ______________________

1) Deckel und Cassettenfachdeckel abnehmen.

2) Innen und Laufwerk mit weichem Pinsel reinigen.   O

3) Capstanwelle/n, Köpfe und Andruckrolle/n reinigen.   O
   Dabei Reinigungsstäbchen mit Reinigungsflüssigkeit tränken.

4) Ebenfalls die Wickeltellergummis nach 3) reinigen.   O

5) Kratzt oder springt ein Regler oder Schalter,
   KONTAKT 60 Spray hilft, weniger ist mehr.   O

6) Laufwerk entmagnetisieren.   O

7) Mit der Spiegelcassette den Bandpfad überprüfen.
   Das Band muss mittig laufen.   ja O nein O

8) Mit der Drehmomentcassette den Aufwickelwert ermitteln.
   Der Wert sollte zwischen 30 und 50 g/cm sein.   ja O nein O

9) Die Kippneigung ist mit einer Gauge zu prüfen.   ja O nein O
   Stimmt die Kippneigung nicht, ist Höhenverlust zu bemängeln.

10) Ebenfalls ist mit der Gauge die Eintauchtiefe zu prüfen.
    Ist die Eintauchtiefe zu gering, ist die Aufnahme nicht optimal.
    Ist sie zu stark, nutzt der Kopf schnell ab.   Wert i.O. O

11) Nun ist der Kopfspalt zu prüfen.
    Mit Millivoltmeter: Ist der Wert wie beim letzten Service,
    ist alles i.O.   ja O nein O
    Mit dem Oszilloskop: Lissajous-Darstellung i.O.?   ja O nein O

12) Noch einmal ist eine Entmagnetisierung nötig.   O

13) Deckel aufsetzen und verschrauben/
    Cassettenfachdeckel aufsetzen.

14) Testlauf mit einer älteren und aktuellen Aufnahme.   O

Techniker: _______________________

COMPACT CASSETTEN RECORDER SERVICE

DATUM _________________________

GERÄT _________________________

____

1) Deckel und Cassettenfachdeckel abnehmen.
2) Innen und Laufwerk mit weichem Pinsel reinigen. O
3) Capstanwelle/n, Köpfe und Andruckrolle/n reinigen. O
   Dabei Reinigungsstäbchen mit Reinigungsflüssigkeit tränken.
4) Ebenfalls die Wickeltellergummis nach 3) reinigen. O
5) Kratzt oder springt ein Regler oder Schalter,
   KONTAKT 60 Spray hilft, weniger ist mehr. O
6) Laufwerk entmagnetisieren. O
7) Mit der Spiegelcassette den Bandpfad überprüfen.
   Das Band muss mittig laufen. ja O nein O
8) Mit der Drehmomentcassette den Aufwickelwert ermitteln.
   Der Wert sollte zwischen 30 und 50 g/cm sein. ja O nein O
9) Die Kippneigung ist mit einer Gauge zu prüfen. ja O nein O
   Stimmt die Kippneigung nicht, ist Höhenverlust zu bemängeln.
10) Ebenfalls ist mit der Gauge die Eintauchtiefe zu prüfen.
    Ist die Eintauchtiefe zu gering, ist die Aufnahme nicht optimal.
    Ist sie zu stark, nutzt der Kopf schnell ab. Wert i.O. O
11) Nun ist der Kopfspalt zu prüfen.
    Mit Millivoltmeter: Ist der Wert wie beim letzten Service,
    ist alles i.O. ja O nein O
    Mit dem Oszilloskop: Lissajous-Darstellung i.O.? ja O nein O
12) Noch einmal ist eine Entmagnetisierung nötig. O
13) Deckel aufsetzen und verschrauben/
    Cassettenfachdeckel aufsetzen.
14) Testlauf mit einer älteren und aktuellen Aufnahme. O

Techniker: _________________________

COMPACT CASSETTEN RECORDER SERVICE

DATUM _______________________

GERÄT _______________________

____

1) Deckel und Cassettenfachdeckel abnehmen.
2) Innen und Laufwerk mit weichem Pinsel reinigen. O
3) Capstanwelle/n, Köpfe und Andruckrolle/n reinigen. O
   Dabei Reinigungsstäbchen mit Reinigungsflüssigkeit tränken.
4) Ebenfalls die Wickeltellergummis nach 3) reinigen. O
5) Kratzt oder springt ein Regler oder Schalter,
   KONTAKT 60 Spray hilft, weniger ist mehr. O
6) Laufwerk entmagnetisieren. O
7) Mit der Spiegelcassette den Bandpfad überprüfen.
   Das Band muss mittig laufen. ja O nein O
8) Mit der Drehmomentcassette den Aufwickelwert ermitteln.
   Der Wert sollte zwischen 30 und 50 g/cm sein. ja O nein O
9) Die Kippneigung ist mit einer Gauge zu prüfen. ja O nein O
   Stimmt die Kippneigung nicht, ist Höhenverlust zu bemängeln.
10) Ebenfalls ist mit der Gauge die Eintauchtiefe zu prüfen.
    Ist die Eintauchtiefe zu gering, ist die Aufnahme nicht optimal.
    Ist sie zu stark, nutzt der Kopf schnell ab. Wert i.O. O
11) Nun ist der Kopfspalt zu prüfen.
    Mit Millivoltmeter: Ist der Wert wie beim letzten Service,
    ist alles i.O. ja O nein O
    Mit dem Oszilloskop: Lissajous-Darstellung i.O.? ja O nein O
12) Noch einmal ist eine Entmagnetisierung nötig. O
13) Deckel aufsetzen und verschrauben/
    Cassettenfachdeckel aufsetzen.
14) Testlauf mit einer älteren und aktuellen Aufnahme. O

Techniker: ____

COMPACT CASSETTEN RECORDER SERVICE

DATUM ________________________

GERÄT ________________________

____

1) Deckel und Cassettenfachdeckel abnehmen.
2) Innen und Laufwerk mit weichem Pinsel reinigen. O
3) Capstanwelle/n, Köpfe und Andruckrolle/n reinigen. O
   Dabei Reinigungsstäbchen mit Reinigungsflüssigkeit tränken.
4) Ebenfalls die Wickeltellergummis nach 3) reinigen. O
5) Kratzt oder springt ein Regler oder Schalter,
   KONTAKT 60 Spray hilft, weniger ist mehr. O
6) Laufwerk entmagnetisieren. O
7) Mit der Spiegelcassette den Bandpfad überprüfen.
   Das Band muss mittig laufen. ja O nein O
8) Mit der Drehmomentcassette den Aufwickelwert ermitteln.
   Der Wert sollte zwischen 30 und 50 g/cm sein. ja O nein O
9) Die Kippneigung ist mit einer Gauge zu prüfen. ja O nein O
   Stimmt die Kippneigung nicht, ist Höhenverlust zu bemängeln.
10) Ebenfalls ist mit der Gauge die Eintauchtiefe zu prüfen.
    Ist die Eintauchtiefe zu gering, ist die Aufnahme nicht optimal.
    Ist sie zu stark, nutzt der Kopf schnell ab. Wert i.O. O
11) Nun ist der Kopfspalt zu prüfen.
    Mit Millivoltmeter: Ist der Wert wie beim letzten Service,
    ist alles i.O. ja O nein O
    Mit dem Oszilloskop: Lissajous-Darstellung i.O.? ja O nein O
12) Noch einmal ist eine Entmagnetisierung nötig. O
13) Deckel aufsetzen und verschrauben/
    Cassettenfachdeckel aufsetzen.
14) Testlauf mit einer älteren und aktuellen Aufnahme. O

Techniker: ________________________

COMPACT CASSETTEN RECORDER SERVICE

DATUM _______________________

GERÄT _______________________

____

1) Deckel und Cassettenfachdeckel abnehmen.

2) Innen und Laufwerk mit weichem Pinsel reinigen. O

3) Capstanwelle/n, Köpfe und Andruckrolle/n reinigen. O
   Dabei Reinigungsstäbchen mit Reinigungsflüssigkeit tränken.

4) Ebenfalls die Wickeltellergummis nach 3) reinigen. O

5) Kratzt oder springt ein Regler oder Schalter,
   KONTAKT 60 Spray hilft, weniger ist mehr. O

6) Laufwerk entmagnetisieren. O

7) Mit der Spiegelcassette den Bandpfad überprüfen.
   Das Band muss mittig laufen. ja O nein O

8) Mit der Drehmomentcassette den Aufwickelwert ermitteln.
   Der Wert sollte zwischen 30 und 50 g/cm sein. ja O nein O

9) Die Kippneigung ist mit einer Gauge zu prüfen. ja O nein O
   Stimmt die Kippneigung nicht, ist Höhenverlust zu bemängeln.

10) Ebenfalls ist mit der Gauge die Eintauchtiefe zu prüfen.
    Ist die Eintauchtiefe zu gering, ist die Aufnahme nicht optimal.
    Ist sie zu stark, nutzt der Kopf schnell ab. Wert i.O. O

11) Nun ist der Kopfspalt zu prüfen.
    Mit Millivoltmeter: Ist der Wert wie beim letzten Service,
    ist alles i.O. ja O nein O
    Mit dem Oszilloskop: Lissajous-Darstellung i.O.? ja O nein O

12) Noch einmal ist eine Entmagnetisierung nötig. O

13) Deckel aufsetzen und verschrauben/
    Cassettenfachdeckel aufsetzen.

14) Testlauf mit einer älteren und aktuellen Aufnahme. O

Techniker: _______________________

COMPACT CASSETTEN RECORDER SERVICE

DATUM _______________________

GERÄT _______________________

____

1) Deckel und Cassettenfachdeckel abnehmen.
2) Innen und Laufwerk mit weichem Pinsel reinigen.   O
3) Capstanwelle/n, Köpfe und Andruckrolle/n reinigen.   O
  Dabei Reinigungsstäbchen mit Reinigungsflüssigkeit tränken.
4) Ebenfalls die Wickeltellergummis nach 3) reinigen.   O
5) Kratzt oder springt ein Regler oder Schalter,
  KONTAKT 60 Spray hilft, weniger ist mehr.   O
6) Laufwerk entmagnetisieren.   O
7) Mit der Spiegelcassette den Bandpfad überprüfen.
  Das Band muss mittig laufen.   ja O nein O
8) Mit der Drehmomentcassette den Aufwickelwert ermitteln.
  Der Wert sollte zwischen 30 und 50 g/cm sein.   ja O nein O
9) Die Kippneigung ist mit einer Gauge zu prüfen.   ja O nein O
  Stimmt die Kippneigung nicht, ist Höhenverlust zu bemängeln.
10) Ebenfalls ist mit der Gauge die Eintauchtiefe zu prüfen.
  Ist die Eintauchtiefe zu gering, ist die Aufnahme nicht optimal.
  Ist sie zu stark, nutzt der Kopf schnell ab.   Wert i.O. O
11) Nun ist der Kopfspalt zu prüfen.
  Mit Millivoltmeter: Ist der Wert wie beim letzten Service,
  ist alles i.O.   ja O nein O
  Mit dem Oszilloskop: Lissajous-Darstellung i.O.?   ja O nein O
12) Noch einmal ist eine Entmagnetisierung nötig.   O
13) Deckel aufsetzen und verschrauben/
  Cassettenfachdeckel aufsetzen.
14) Testlauf mit einer älteren und aktuellen Aufnahme.   O

Techniker: _______________________

DATUM ________________________

GERÄT ________________________

____

1) Deckel und Cassettenfachdeckel abnehmen.

2) Innen und Laufwerk mit weichem Pinsel reinigen.   O

3) Capstanwelle/n, Köpfe und Andruckrolle/n reinigen.   O
   Dabei Reinigungsstäbchen mit Reinigungsflüssigkeit tränken.

4) Ebenfalls die Wickeltellergummis nach 3) reinigen.   O

5) Kratzt oder springt ein Regler oder Schalter,
   KONTAKT 60 Spray hilft, weniger ist mehr.   O

6) Laufwerk entmagnetisieren.   O

7) Mit der Spiegelcassette den Bandpfad überprüfen.
   Das Band muss mittig laufen.   ja O nein O

8) Mit der Drehmomentcassette den Aufwickelwert ermitteln.
   Der Wert sollte zwischen 30 und 50 g/cm sein.   ja O nein O

9) Die Kippneigung ist mit einer Gauge zu prüfen.   ja O nein O
   Stimmt die Kippneigung nicht, ist Höhenverlust zu bemängeln.

10) Ebenfalls ist mit der Gauge die Eintauchtiefe zu prüfen.
    Ist die Eintauchtiefe zu gering, ist die Aufnahme nicht optimal.
    Ist sie zu stark, nutzt der Kopf schnell ab.   Wert i.O. O

11) Nun ist der Kopfspalt zu prüfen.
    Mit Millivoltmeter: Ist der Wert wie beim letzten Service,
    ist alles i.O.   ja O nein O
    Mit dem Oszilloskop: Lissajous-Darstellung i.O.?   ja O nein O

12) Noch einmal ist eine Entmagnetisierung nötig.   O

13) Deckel aufsetzen und verschrauben/
    Cassettenfachdeckel aufsetzen.

14) Testlauf mit einer älteren und aktuellen Aufnahme.   O

Techniker: ________________________________

COMPACT CASSETTEN RECORDER SERVICE

DATUM ________________________

GERÄT ________________________

____

1) Deckel und Cassettenfachdeckel abnehmen.

2) Innen und Laufwerk mit weichem Pinsel reinigen.   O

3) Capstanwelle/n, Köpfe und Andruckrolle/n reinigen.   O
   Dabei Reinigungsstäbchen mit Reinigungsflüssigkeit tränken.

4) Ebenfalls die Wickeltellergummis nach 3) reinigen.   O

5) Kratzt oder springt ein Regler oder Schalter,
   KONTAKT 60 Spray hilft, weniger ist mehr.   O

6) Laufwerk entmagnetisieren.   O

7) Mit der Spiegelcassette den Bandpfad überprüfen.
   Das Band muss mittig laufen.   ja O nein O

8) Mit der Drehmomentcassette den Aufwickelwert ermitteln.
   Der Wert sollte zwischen 30 und 50 g/cm sein.   ja O nein O

9) Die Kippneigung ist mit einer Gauge zu prüfen.   ja O nein O
   Stimmt die Kippneigung nicht, ist Höhenverlust zu bemängeln.

10) Ebenfalls ist mit der Gauge die Eintauchtiefe zu prüfen.
    Ist die Eintauchtiefe zu gering, ist die Aufnahme nicht optimal.
    Ist sie zu stark, nutzt der Kopf schnell ab.   Wert i.O. O

11) Nun ist der Kopfspalt zu prüfen.
    Mit Millivoltmeter: Ist der Wert wie beim letzten Service,
    ist alles i.O.   ja O nein O
    Mit dem Oszilloskop: Lissajous-Darstellung i.O.?   ja O nein O

12) Noch einmal ist eine Entmagnetisierung nötig.   O

13) Deckel aufsetzen und verschrauben/
    Cassettenfachdeckel aufsetzen.

14) Testlauf mit einer älteren und aktuellen Aufnahme.   O

Techniker: ________________________

DATUM _______________________

GERÄT _______________________

____

1) Deckel und Cassettenfachdeckel abnehmen.

2) Innen und Laufwerk mit weichem Pinsel reinigen.   O

3) Capstanwelle/n, Köpfe und Andruckrolle/n reinigen.   O
    Dabei Reinigungsstäbchen mit Reinigungsflüssigkeit tränken.

4) Ebenfalls die Wickeltellergummis nach 3) reinigen.   O

5) Kratzt oder springt ein Regler oder Schalter,
    KONTAKT 60 Spray hilft, weniger ist mehr.   O

6) Laufwerk entmagnetisieren.   O

7) Mit der Spiegelcassette den Bandpfad überprüfen.
    Das Band muss mittig laufen.   ja O nein O

8) Mit der Drehmomentcassette den Aufwickelwert ermitteln.
    Der Wert sollte zwischen 30 und 50 g/cm sein.   ja O nein O

9) Die Kippneigung ist mit einer Gauge zu prüfen.   ja O nein O
    Stimmt die Kippneigung nicht, ist Höhenverlust zu bemängeln.

10) Ebenfalls ist mit der Gauge die Eintauchtiefe zu prüfen.
    Ist die Eintauchtiefe zu gering, ist die Aufnahme nicht optimal.
    Ist sie zu stark, nutzt der Kopf schnell ab.   Wert i.O. O

11) Nun ist der Kopfspalt zu prüfen.
    Mit Millivoltmeter: Ist der Wert wie beim letzten Service,
    ist alles i.O.   ja O nein O
    Mit dem Oszilloskop: Lissajous-Darstellung i.O.?   ja O nein O

12) Noch einmal ist eine Entmagnetisierung nötig.   O

13) Deckel aufsetzen und verschrauben/
    Cassettenfachdeckel aufsetzen.

14) Testlauf mit einer älteren und aktuellen Aufnahme.   O

Techniker: _______________________

COMPACT CASSETTEN RECORDER SERVICE

DATUM ___________________________

GERÄT ___________________________

____

1) Deckel und Cassettenfachdeckel abnehmen.
2) Innen und Laufwerk mit weichem Pinsel reinigen. O
3) Capstanwelle/n, Köpfe und Andruckrolle/n reinigen. O
   Dabei Reinigungsstäbchen mit Reinigungsflüssigkeit tränken.
4) Ebenfalls die Wickeltellergummis nach 3) reinigen. O
5) Kratzt oder springt ein Regler oder Schalter,
   KONTAKT 60 Spray hilft, weniger ist mehr. O
6) Laufwerk entmagnetisieren. O
7) Mit der Spiegelcassette den Bandpfad überprüfen.
   Das Band muss mittig laufen. ja O nein O
8) Mit der Drehmomentcassette den Aufwickelwert ermitteln.
   Der Wert sollte zwischen 30 und 50 g/cm sein. ja O nein O
9) Die Kippneigung ist mit einer Gauge zu prüfen. ja O nein O
   Stimmt die Kippneigung nicht, ist Höhenverlust zu bemängeln.
10) Ebenfalls ist mit der Gauge die Eintauchtiefe zu prüfen.
    Ist die Eintauchtiefe zu gering, ist die Aufnahme nicht optimal.
    Ist sie zu stark, nutzt der Kopf schnell ab. Wert i.O. O
11) Nun ist der Kopfspalt zu prüfen.
    Mit Millivoltmeter: Ist der Wert wie beim letzten Service,
    ist alles i.O. ja O nein O
    Mit dem Oszilloskop: Lissajous-Darstellung i.O.? ja O nein O
12) Noch einmal ist eine Entmagnetisierung nötig. O
13) Deckel aufsetzen und verschrauben/
    Cassettenfachdeckel aufsetzen.
14) Testlauf mit einer älteren und aktuellen Aufnahme. O

Techniker: ___________________________